새로운 꽃 그림책

새로운 꽃 그림책

피어오르는 자연과 의지로 가득한 예술의 우아한 대결

Neues Blumenbuch

마리아 지빌라 메리안 지음 | 허정화 옮김 | 이라영 해제

나무연필

마리아 지빌라 메리안

Maria Sibylla Merian(1647~1717)

독일 프랑크푸르트 출신의 곤충 연구자이자 화가. 유년 시절부터 자연을 벗 삼아 곤충과 식물을 관찰하고 그리는 일을 즐겨했다. 아버지는 출판업자였으나 그녀가 세 살 때 세상을 떠났고, 화가이자 공방 운영자인 새아버지가 재능을 알아보고서 그녀에게 그림을 가르쳤다. 열여덟 살에 새아버지의 제자 요한 안드레아스 그라프와 결혼했고, 이후 남편의 고향 뉘른베르크로 이주했다. 이 시절 그림과 자수를 가르치거나 자수 도안을 판매하면서 공방을 운영했으며, 《꽃 그림책》 1·2·3권과 이들을 묶어 펴낸 《새로운 꽃 그림책》, 그리고 《애벌레의 경이로운 변태와 독특한 꽃 먹이》 1·2권을 세상에 내놓았다.

서른여덟 살 때 남편을 뒤로한 채 두 딸과 노모를 데리고 네덜란드 프리슬란트주의 라바디파 공동체에 입회했다. 재능 있는 한 인간으로서 신앙생활은 물론 학문 활동에도 매진했다. 5년간의 공동체 생활 이후 네덜란드 황금시대의 막바지에 있던 암스테르담으로 거처를 옮겼다. 쉰두 살의 나이에 어렵사리 자금을 마련하여 둘째 딸과 함께 남아메리카의 수리남으로 향하는 뱃길에 오른다. 무더운 열대기후로 인해 죽을 고비를 넘기면서도 곤충과 식물을 관찰해 스케치하고 표본을 만들었다. 다시 암스테르담으로 돌아온 뒤 《수리남 곤충의 변태》를 집필해 출간했다. 수리남 곤충의 변태 과정과 그 먹이식물을 60점의 동판화에 담아낸, 과학과 예술이 조화롭게 결합된 작품이었다. 일흔 살에 뇌졸중으로 삶을 마감한 뒤, 둘째 딸이 마무리하여 《애벌레의 경이로운 변태와 독특한 꽃 먹이》 3권을 펴냈다.

많은 자연주의 삽화가들이 그녀의 그림에 영향을 받았으며, 후대 생물학자들은 그녀를 기리며 여러 동식물의 속명 등에 그녀의 이름을 붙였다. 또한 시대적 한계 속에서도 관심을 놓지 않으며 자신의 삶을 개척해 나간 여성으로도 호명되고 있다.

자연과 예술을 사랑하는
독자들에게 전하는 서문

존귀한 막시밀리안 황제[1]가 여행하던 중, 나이 든 농부가 묘목을 심고 접붙이는 모습을 보게 되셨다고 합니다.[2] 황제는 그를 자기 앞으로 오게 한 뒤 어떤 과실수를 심고 있는지 물었습니다. 그는 대추나무를 심고 있다고 답했습니다. 그러자 황제가 웃으며 말했습니다. "여보게, 작은 농부여. 대추는 100년 후에나 열매를 맺는다네. 그러니 자네는 그 과실을 맛볼 수 없을 것이네!" 농부는 이렇게 답합니다. "그렇지요, 자비로운 분이시여. 저도 그 사실을 잘 알고 있습지요. 하지만 저는 신의 영광과 후손들의 유용함을 바라며 이 일을 하고 있습니다." 이 말과 행동이 마음에 쏙 든 황제는 농부에게 100굴덴을 하사했습니다. 그리하여 농부는 자기가 심은 나무의 과실을 맛볼 순 없을지라도 후손을 위한 돌봄과 노동을 충분히 보상받았습니다.

그에 반해 꽃을 기르거나 선물하는 사람들은 신이나 후

손을 생각하지 않습니다. 오히려 어떤 이들은 자신이 추구하는 유용성을 기꺼이 오늘이나 내일 누리고 싶어 합니다. 메테런은 고액의 꽃 구매에 관해 언급한 바 있는데,³ 1633~1637년에 네덜란드의 한 도시에서는 협상 금액으로 100만 개가 넘는 금화를 제시했다고 합니다. 그리고 튤립 상인들은 셈퍼 아우구스투스Semper Augustus(영원한 황제)라는 튤립 구근 하나를 2000굴덴에 팔았는데, 1637년 경에는 그 돈을 주고도 살 수 없었다고 합니다. 왜냐하면 암스테르담과 하를럼 근교에 이 구근이 각기 하나씩밖에 없었기 때문입니다. 또한 전해 오는 바에 따르면, 어떤 사람은 자신의 튤립 정원을 꽃과 함께 7만 굴덴에 팔라는 제안을 받았다고 합니다. 그러나 그는 이 제안을 받아들이지 않고 자신의 정원과 꽃을 계속 보유하려 했답니다.

초창기에는 튤립을 거래하면 매우 큰 수익을 거둘 수 있었습니다.⁴ 그러자 사람들이 몰려들어, 심지어 직조공들이 자신의 베틀 의자를 팔아 돈을 마련한 뒤 꽃에 투자하기도 했답니다. 그런 이들 중 상당수는 아름답고 값비싼 집과 농장을 비롯해 자신이 보유한 모든 것을 팔고, 이자가 붙는 큰돈까지 빌려서 향기도 없고 취향도 별로인 꽃에 투자했습니다. 오로지 순간적인 눈요기로 기쁨을 탐하며 짧은 시간을 즐기기 위해서 말이지요. 1679년 11월 12일 현 교황님⁵이 밀라노에 있는 산 카를로 성당을 시찰하고 돌아오는

길에 꽃 몇 송이를 헌정받았을 때, 교황님은 그 꽃이 담긴 화반에다가 몇 천 크로네에 해당하는 어음을 놓아둔 일도 있었습니다.

이렇게 자연의 사랑스럽고 우아한 장식은 꽃 애호가들에게 큰 영향을 미칩니다. 그리하여 사람들은 자신의 보물보다 꽃을 바라보는 것을 더 높이 평가하게 됩니다. 자신의 부를 줄여서라도 꽃을 보고자 열망하게 됩니다. 그렇다고 해서 이들을 나쁘게만 볼 순 없습니다. 다채로운 걸작 같은 꽃들은 그 자체로 사람을 끌어당기는 숨은 매력이 있어서 애호가들의 눈을 멀게 하는 게 아니라 보지 못하는 눈을 뜨게 만들기 때문입니다.

그리하여 우리는 모이탕Meutang이라 불리는 중국산 꽃의 왕을 우리의 감각으로 관조할 수 있습니다.[6] 이 꽃의 커다란 꽃잎은 빛나는 흰색에다가 보라색이 섞여 있고, 몇몇은 완전히 빨갛거나 노랗게 보이기도 합니다. 중국산 장미인 모란은 자신의 꽃 색을 하루에 두 번, 어떤 때는 보라색으로, 어떤 때는 하얀색으로 바꾸기에 기적의 꽃이라 불릴 만합니다. 작은 나무에서 자라나 눈처럼 하얀 꽃을 피우는 모고린Mogorin도 빼놓을 수 없지요. 모고린 꽃은 재스민 꽃과 모양새가 별반 다르지 않습니다. 그런데 이 꽃은 재스민 꽃보다 꽃잎이 더 많지도 않은데 훨씬 우아한 향기가 나서 온 집 안을 꽃 한 송이의 향으로 가득 채울 수 있습니다.

이전에는 유럽 내륙에 이런 품목들이 선혀 없었습니다. 그러나 팔츠 선제후選帝侯의 정원이 영국에서 가져온 꽃으로 대대적인 장식을 하여 풍요로워진 이후, 진홍색과 파란색의 재스민 꽃, 온갖 빛깔의 월계화, 향나무와 유사한 맛이 나는 검은 오디, 빨간 구스베리, 이외에 다른 희귀한 기념물들이 최상의 경탄을 받으며 관조되고 있습니다. 이 정원은 마치 아폴로 신이 기거하여 모든 아름다운 학문들이 제후다운 위엄의 은총을 받는 듯 경탄을 받고 있지요. 탁월한 저작으로 매우 유명하고 이루 말할 수 없는 친절함으로 많은 사랑을 받는 발빈 신부님은 보헤미아 지방에 대해 믿을 만한 보고를 하신 적이 있습니다.[7] 이를 언급하지 않을 수 없는데요. 신부님은 거대한 산맥에 서식하는, 사람 키보다 크고 사람 팔뚝보다 굵은 안젤리카 꽃을 어떻게 꺾었는지 이야기하셨습니다.

이처럼 꽃이 피어오르고 가득해지는 봄에 자연은 예술에게 자발적이고 우아한 대결을 펼치자는 요청을 해옵니다. 비록 우리는 부족하지만, 그 의지만은 충만하지요. 그러니 우리는 자연이 요청하는 이 대결을 벌이며 즐거움을 누리는 데 노력을 아끼지 않아야 하고, 당연히 그 노력을 아껴서도 안 될 것입니다.

나에게 유용하기 때문이 아니라 (서두에 언급한, 대추나무를 심던 농부가 그러했듯이) 우선 배움에 목마른 젊은이들을 위해, 그다음으로 미래의 후손들이 기억할 수 있도록 이 책을 세상에 내어놓습니다. 동판화를 제작하고 그림을 그릴 때뿐만 아니라 여성들이 수를 놓을 때, 그리고 예술을 이해하는 애호가들에게 이 책이 유용함과 즐거움을 선사하길 바랍니다. 황송하게도 최근 발간한 애벌레 그림책[8]에 들어 있는 꽃과 약초 그림을 애호가들이 눈에 띄게 좋아해 주셨습니다. 그러했기에 예술에 호의를 품고 그 진가를 인정하는 애호가들의 확신에 찬 신뢰에 힘입어 세 권을 한데 묶은 이 책을 출간하는 바입니다.

그렇게 예술과 자연은 늘 함께 애써 겨루어야 합니다.
양쪽 모두가 스스로를 정복할 때까지
그래서 그들의 승리가 대등한 선에 이를 때까지
이기기도 하고 동시에 굴복당하기도 하면서!
그렇게 예술과 자연은
서로를 마음에 품고 서로를 감싸 안아야 합니다.
그리고 이들은 모두 서로에게 손을 뻗쳐야 합니다.
그러니 이런 대결을 하는 사람은 복됩니다!
왜냐하면 이런 대결에서
모든 것을 다 행했을 때는 만족이 따라오니 말입니다.

1   [옮긴이] 학문과 예술의 발전에 힘쓰며 르네상스 정신을 추구했던 신성로마제국의 황제 막시밀리안 2세(1527~1576)를 말한다.

2   Cafp. Titius in Loc. Theol. pag. 635.
    [옮긴이] 루터파 신학자인 카스파르 티티우스 Caspar Titius(1571~1648)의 《신학의 역사 또는 그 사례에 관한 책》*Loci Theologiae Historici, oder Theologisches Exempel Buch*(1633)을 참조했다.

3   Meteran. lib. 55.
    [옮긴이] 플랑드르의 역사가 에마누엘 판 메테런 Emanuel van Meteren(1535~1612)의 사후에 펴낸 《새로운 메테라누스, 네덜란드 전쟁에 대한 진짜 묘사》*Meteranus Novus, Das ist Warhafftige Beschreibung Deß Niederländischen Krieges*(1640)를 참조했다. 주석의 'Meteran'은 'Meteren'의 오기인 듯하다.

4   Mart. Grundmann in der Geschicht Schubl. Bl. 235.
    [옮긴이] 마르틴 그룬트만 Martin Grundmann의 《새로 개교한 영적이면서도 세속적인 역사 학교》*Neu-eröffnete Geist-und Weltliche Geschicht-Schule*(1678~1679)를 참조했다.

5   [옮긴이] 제240대 교황으로 재위한 인노켄티우스 11세(1611~1689)를 말한다. 그는 정직하고 성실한 성품으로 존경받았으며,

프로테스탄트에 대해서도 비교적 온건한 입장을 취했다.

6 Joh. Neuhoff in Beschreibung Sina. Cap. XV. Bl. 327. 328.
[옮긴이] 탐험가이자 중국학자였던 요한 니후호프 Johan Nieuhof (1618~1672)가 1655~1657년 네덜란드 동인도회사의 사절단으로 중국에 파견된 경험을 담은, 약칭 《동인도회사의 파견》 *Het Gezandtschap der Neêrlandtsche Oost-Indische Compagnie, aan den grooten Tartarischen Cham, den tegenwoordigen Keizer van China* (1665)을 참조했다. 메리안은 1666년에 출간된 이 책의 독일어 번역본을 읽었다.

7 Balbin. lib. I. Mifoell. Hift. R. Bohem, cap. 6. *β*. 5.
[옮긴이] 체코의 작가, 역사가, 지리학자이자 예수회 신부였던 보후슬라프 발빈 Bohuslav Balbin(1621~1688)의 《보헤미아 지역의 역사》 *Miscellanea Historica regni Bohemiae* 1권(1679)을 참조했다. 그는 지역 사료를 수집하고 연구하면서 체코어를 옹호했던 인물로, 현재 체코의 서부에 해당하는 보헤미아 지방 역시 그의 연구 대상이었다. 《보헤미아 지역의 역사》는 1687년까지 총 6권이 연작으로 출간되었는데, 메리안은 막 출간된 1권을 살펴본 뒤 이를 참조했다.

8 [옮긴이] 《애벌레의 경이로운 변태와 독특한 꽃 먹이》 *Der Raupen wunderbare Verwandlung und sonderbare Blumennahrung* (1679) 1권을 말한다.

한국어판
편집자 노트

이 책은 마리아 지빌라 메리안이 1680년 뉘른베르크에서 펴낸 《새로운 꽃 그림책》*Neues Blumenbuch*의 한국어판이다. 르네상스가 발흥하고 신항로 개척 시대의 서막이 열리던 시기, 유럽에서 곤충 연구자이자 화가로 활약한 그녀의 초기작이다.

프랑크푸르트의 뜰에서 꽃과 곤충을 관찰하고 그리는 일을 즐기며 어린 시절을 보냈던 메리안은 결혼을 하고 큰딸을 낳은 뒤 1670년 남편의 고향인 뉘른베르크로 이주했다. 가정 형편이 넉넉지 않았던 그녀는 공방을 열었고, 양피지와 리넨에 그림을 그린 뒤 이를 자수본으로 팔아 생계를 이어 나갔다. 귀족 가문의 여인들은 이 자수본을 사들여 수놓으며 커 나갔을 것이다. 메리안은 부유한 집안의 미혼 여성들에게 그림을 가르치기도 했는데, 이는 당대 귀족들이 조성해 둔 고급 정원과 진품실에 드나들며 귀한 꽃과 곤충을 관찰하는 계기가 되기도 했다. 또한 곤충을 채집하고 표본을 만들면서 연구하는 일도 이어 나갔다.

스물여덟 살이 되던 1675년, 메리안은 자신의 첫 저작인 《꽃 그림책》*Blumenbuch* 1권을 펴낸다. 이후 1677년과 1680년에 2권과 3권을 연이어 펴내 책을 완결 짓는다. 생계를 위해 해야 할 일이 많았고 큰딸을 키우면서 둘째 딸까지 출산한 와중이었지만, 그녀가 매진해 펴낸 책이다. 이 책들은 꽃과 예술 애호가들을 위한 것이면서 동시에 다른 사람들이 그림을 따라 그리거나 자수의 패턴으로 활용하는 데 필요한 모본으로서의 용도를 염두에 두며 제작되었다. 3권을 마무리한 해에는 이들 세 권을 묶은 뒤 서문을 더해 《새로운 꽃 그림책》을 간행하는데, 한국어판은 바로 이 책을 바탕으로 만들었다.

이 책은 유럽에서 15세기에 발현하여 17세기에 화려하게 꽃피운 플로럴리지엄florilegium, 즉 식물 화보 선집의 전통 가운데 있는 저작이다. 플로럴리지엄은 당대 출판의 최고 기술을 망라해 제작되었는데, 《새로운 꽃 그림책》 역시 그러하다. 하드커버의 크기는 20.5×32.5센티미터, 본문 크기는 19×31.5센티미터였고, 동판화로 찍은 뒤 일일이 채색을 더했다. 이 책은 2011년 6월 런던의 크리스티 경매에서 92만 5826달러(당시 한화로 약 10억 6466만 원)에 판매되어 호사가들의 입에 오르내리기도 했다.

과학적 정확성, 잔란한 색감, 섬세한 아름다움이 돋보이는 《새로운 꽃 그림책》은 당대의 플로럴리지엄들이 대개 단일한 식물을 그렸던 데 반해 다양한 빛깔과 모양의 식물 여러 종을 함께 한 장의 그림 안에 표현한 시도가 돋보인다. 또한 당시의 플로럴리지엄에 식물과 함께 곤충을 묘사하는 경우가 있긴 했지만, 메리안은 곤충을 관찰하고 연구하여 이를 묘사하는 데까지 나아갔다는 점도 기억해 둘 만하다. 이러한 작업을 이어 나간 그녀는 1699년 둘째 딸과 함께 네덜란드의 식민지였던 수리남으로 건너가 2년간 식물과 곤충을 관찰한 뒤 《수리남 곤충의 변태》*Metamorphosis Insectorum Surinamensium*(1705)를 펴내 연구의 백미를 보여준다.

오래전 유럽에서 살아간 한 여성이 동식물을 관찰하고 정성껏 그려 만든 이 책의 숨결이 그가 서문에 언급했던 '미래의 후손'인 지금의 한국 독자들에게도 고이 전달될 수 있기를 바란다.

일러두기

1. 이 책은 마리아 지빌라 메리안의 *Neues Blumenbuch*(1680)를 한국어로 옮긴 것이다. 현재까지 여섯 권이 전해 오는데, 한국어판은 독일 작센 주립 드레스덴 대학도서관 Sächsische Landesbibliothek-Staats- und Universitätsbibliothek Dresden 의 보존본을 바탕으로 만들었다. 이는 팔츠의 선제후였던 카를 2세가 소장했던 것으로, 메리안에게 직접 건네받은 것으로 추정된다. 다만 이 보존본은 3부의 1, 2번 도판이 소실되어서, 이들 도판은 작센주 기념물 관리청 Landesamt für Denkmalpflege Sachsen 보존본 도판을 사용했다.

2. 각 그림의 제목은 필자가 붙였는데, 현재 통용되는 동식물명과 다른 경우가 있다. 이 책에서는 필자가 붙인 동식물명을 직역했으며, 그 아래에 그림을 보고서 추정이 가능한 경우는 학명을, 추정이 불가능한 경우는 영문 번역을 정리해 두었다.

3. 옮긴이의 주석은 '[옮긴이]'라고 표시해 두었다.

차례

자연과 예술을 사랑하는
독자들에게 전하는 서문

6

한국어판
편집자 노트

13

꽃 그림책
1부

18

꽃 그림책
2부

42

꽃 그림책
3부

66

해제
세상을 더 세밀하게 사랑하는 눈 _이라영

90

꽃 그림책
1부

마리아 지빌라 그라프
돌아가신 부친 마테우스 메리안의 딸

예술을 이해하는 모든 애호가들에게
즐거움을 주고 유용하게 하며 기여하기 위해
열의를 다해 완성한

새로운
꽃 그림책

뉘른베르크 화가
요한 안드레아스 그라프의 공방에서 구입 가능
1680년

히아신스 겹꽃 흰 송이,
그리고 수선화 줄기

Hyacinthus spec.
Narcissus tazetta L.

푸른 히아신스 홑꽃 한 송이

Hyacinthus orientalis L.

수선화 홑꽃 두 송이

Narcissus pseudonarcissus L.

커다란 오리엔트 수선화

Narcissus tazetta L.

커다란 튤립 다이애나,
간청하는 여인이라 불리는
작은 튤립 보이에와 함께

Diana Tulip, Veue Tulip

아네모네, 패모,
크로커스로 된 꽃다발

Anemone L.
Fritillaria meleagris L.
Crocus sativus L.

커다랗고 푸른 백합 한 송이

Iris germanica L.

섬세한 솟잎이 배합

Lilium pumilum DC.

삭은 삼위일제 꽃,
더 오래 더 사랑하는 이라 불리기도 하는 팬지

Viola×wittrockiana Gams

네덜란드 장미 줄기 하나

Douch Rose

작약 꽃과 꽃몽오리

Paeonia officinalis L.

꽃 그림책
2부

돌아가신 마테우스 메리안의 딸
마리아 지빌라 그라프가
실물에 따라 그리고 동판에 새긴

꽃 그림들
제2부

뉘른베르크 화가
요한 안드레아스 그라프의 공방에서 구입 가능
1680년

늘어지게 걷어 놓은 꽃 상식과
작은 화환 두 개

귓바퀴와 닮은 앵초 꽃

Primula×pubescens Jacq.

황금색 홀꽃 씽괸초

Fritillaria imperialis L.

헤벨만이라 불리는 아름다운 튤립

Hevelmann Tulip

커다란 누단색 꽃무 줄기

Erysimum cheiri (L.) Crantz

불꽃색 미나리아재비

Ranunculus asiaticus L.

히안색 백합, 눈송이 꽃,
그리고 파란색 나팔꽃

Lilium candidum L.
Galanthus nivalis L.
Convolvulus tricolor L.

짙은 피란색 아이리스

Iris germanica L.

카네이션 줄기

Dianthus caryophyllus L.

석류꽃 줄기 하나

Punica granatum L.

보라색 아네모네외 함께 묶은
짙은 프랑스 장미와 하얀색 재스민 다발

Anemone spec.
Rosa gallica L.
Jasminum grandiflorum L.

꽃 그림책
3부

마리아 지빌라 그라프가
실물을 따라 그리고
동판에 새긴

꽃 그림들
제3부

뉘른베르크 화가
요한 안드레아스 그라프의 공방에서 구입 가능
1680년

작은 꽃바구니

작은 꽃 항아리

하얀색 얼레지, 빨간색 히아신스,
페르시아 아이리스, 그리고 포도송이 히아신스

Erythronium dens-canis L.
Hyacinthus orientalis L.
Iris persica L.
Muscari spec.

파란색 별 히아신스,
드 모어 장군이라 불리는 튤립,
그리고 활짝 핀 패모

Hyacinthoides hispanica (Mill.) Rothm.
Admiral de Moor Tulip
Fritillaria spec.

탁월한 아네모네 여섯 송이

Anemone coronaria L.

활짝 빈 잠세비고깔, 요셉의 지팡이,
그리고 영국 아이리스

Delphinium spec.
Narcissus spec.
Iris latifolia (Mil.) Voss

은방울꽃과 월하향,
복수초 꽃과 함께

Convallaria majalis L.
Polianthes tuberosa L.
Adonis annua L.

양귀비, 푸른새 야생 초롱꽃,
그리고 오색방울새

Papaver somniferum L.
Campanula spec.
Carduelis carduelis L.

커다란 케이퍼 꽃,
그 옆에 노랑싸리

Capparis spinosa L.
Spartium junceum L.

시계풀 꽃 한 송이

Passiflora caerulea L.

노란색 참제비고깔, 메리골드,
물망초라고 불리는 작은 꽃

Tropaeolum majus L.
Tagetes spec.
Myosotis spec.

해제

세상을 더 세밀하게 사랑하는 눈

이라영

(예술사회학 연구자)

17세기에 회화는 일상적으로 접하는 대상을 과학적인 관찰을 통해 재현하는 방식으로 발전했다. 꽃, 과일, 박제된 동물, 식기 등의 정물을 세밀하게 묘사하여 화려하게 표현하는 방식이 유행했고, 네덜란드에서는 1650년경 '정물화'라는 용어가 사용되기 시작했다. 정확한 관찰을 통해 재현된 사실적인 작품은 시각적인 매력과 동시에 신의 섭리를 이해한다는 만족감을 주었다. 더구나 16세기 후반 네덜란드에서 현미경이 발명되면서 동식물 연구에 영향을 끼쳤고 인간의 보는 방식에도 변화를 가져왔다.

네덜란드의 '황금시대'라 불리는 17세기에는 식민지 점령과 해외 탐험이 늘어나면서 이전에 유럽에서는 볼 수 없었던 새로운 식물들이 들어왔다. 네덜란드는 유럽의 대표적인 원예 국가가 되었다. 부유한 사람들은 새로운 씨앗과 관목 등을 들여와 재배하고 연구하며 전시했다. 원예는 부유층의 새로운 여가 활동이 되었고, 정원은 희귀한 소장품을 전시하는 진품실의 확장된 야외 공간이나 다름없어졌다. 특히 더욱 아름답고 희소성 있는 꽃에 열렬한 관심을 보였다. 이 시기 초상화에는 튤립을 든 인물이 종종 등장한다. 꽃 중에서도 튤립은 고가의 상품을 상징했다. 이러한 사회 분위기 속에서 꽃 그림에 대한 수요가 폭발적으로 늘어났다.

이전에 제작되었던 식물지植物誌는 주로 의학적인 목적이나 실질적 쓸모를 위해 활용되었다. 이때 식물지는 나이 든 여성들에 의해 전승되던 민간의학이나 약초 연구를 체계적으로 정리하는 역할도 했다. 그러나 희귀한 꽃이 부의 상징이 되면서 식물지는 점차 실용적 목적을 넘어 미적인 감상을 위한 그림을 필요로 했다. 꽃 그림은 이처럼 과학의 발전, 식민지 확장, 활발해진 무역, 더욱 섬세해진 미적 욕망 등으로 문화가 변화하는 과정에서 독자적인 장르로 인기를 끌게 되었다. 과학과 미술의 경계선에서 인내심 있는 관찰자이며 섬세한 표현력을 가진 과학자/화가의 손길이 더욱 주목을 끌었다. 마리아 지빌라 메리안은 이러한 시대적 배경 속에서 성장한 인물이다.

16세기 이전까지 식물지에 실린 삽화는 대부분 자연을 직접 관찰하고 묘사한 것이 아니라 기존의 삽화를 모방하는 방식이었다. 16세기 초에 직접 관찰을 통해 식물을 표현한 인상적인 삽화가 등장한 이후 자연을 직접 관찰하는 것이 삽화가들에게 중요해졌다. 하나하나 관찰하며 손으로 꼼꼼하게 그려 내는 일은 많은 노동과 시간을 요했고, 이때 여성 삽화가를 고용하는 화가들이 늘어났다. 작고 섬세한 그림은 여성의 역할이라는 편견이 작용한 탓이지만, 여성들에게는 그림을 그리며 경제활동을 할 수 있는 기회였다. 꽃 그림이 독립된 분야로 발전하는 과정에는 이처럼 수많은 여성들의 손과 눈이 필요했다. 17세기에 많은 여성들이 식물도감이나 텍스타일 제작, 도자기 제작자를 위한 꽃 그림을 그리는 활동을 했다. 17세기 후반에 삽화를 그린 여성들 중 특히 특히 명성을 얻은 작가가 바로 마리아 지빌라 메리안이다.

메리안의 차별성은 자신이 그리는 대상을 철처하게 과학적으로 연구, 수집, 분류했다는 점이다. 화가이며 곤충학자인 그는 식물만이 아니라 곤충도 직접 채집하여 기르면서 변태의 과정을 긴 시간 꼼꼼히 관찰하여 기록으로 남겼다. 수집가의 채집본을 보고 그리지 않고 살아 있는 동식물을 직접 관찰했기에 동물학과 식물학의 연구에 커다란 변화를 가져왔다. 1685년 당시 최고의 식물화가로 평가받던 니콜라 로베르 Nicolas Robert가 사망하자 메리안이 당대에 가장 뛰어난 식물화가로 손꼽히기도 했다.

《새로운 꽃 그림책》은 3부작으로 이루어진 동판화집으

로 판화 위에 채색을 꼼꼼히 곁들인 메리안의 초기 작품집이다. 대표작으로 꼽히는 《수리남 곤충의 변태》가 당시로서는 이국적인 식물과 곤충들을 소개했다면, 여기에 있는 꽃들은 정원에서 많이 기르던 꽃으로 보고 있으면 싱그럽고 향긋한 기분을 전달해 준다. 여러 꽃을 엮어 화환으로 만들거나 바구니와 항아리에 담아 표현한 작품은 서로 다른 꽃들의 조화로운 구성에도 뛰어난 감각을 가진 플로리스트의 면모도 보여준다. 곁에는 나비와 잠자리 등 꽃과 가까운 곤충도 함께 묘사했다. "돌아가신 부친 마테우스 메리안의 딸"이라고 책의 서두에 밝히듯이, 메리안은 첫 작품집을 내면서 출판업자이며 판화가였던 아버지 마테우스의 삽화를 참조했다. 또한 스스로 자수에도 뛰어났던 만큼 자신의 꽃 그림이 여성들이 자수를 놓는 데 유용하게 쓰이길 바라는 마음을 담았다.

세밀화는 궁극에는 생명에 대한 관심을 보여준다. 꽃은 아름다움의 대명사다. 반면 곤충은 혐오 대상으로 은유된다. 그러나 꽃과 곤충은 누구보다 가까운 관계이다. 메리안의 편견 없는 관찰이 아름답고 과학적인 세밀화를 탄생시켰다.

옮긴이 **허정화**

서강대학교 독어독문학과 및 동 대학원을 졸업한 뒤, 독일 프라이부르크 대학에서 괴테의 소설 《선택적 친화력》 *Die Wahlverwandtschaften*을 연구하여 박사 학위를 받았다. 현재 서강대학교 유럽문화학과 강사로 재직 중이다.

새로운 꽃 그림책

피어오르는 자연과 의지로 가득한 예술의 우아한 대결

초판 1쇄 발행 2024년 1월 1일

지은이	마리아 지빌라 메리안
옮긴이	허정화
해　제	이라영
펴낸이	임윤희
편　집	민다인
디자인	이유나
제　작	제이오

펴낸곳	도서출판 나무연필
출판등록	제2014-000070호(2014년 8월 8일)
주　소	08613 서울 금천구 시흥대로73길 67 엠메디컬타워 1301호
전　화	070-4128-8187
팩　스	0303-3445-8187
이메일	book@woodpencil.co.kr
홈페이지	woodpencil.co.kr
ISBN	979-11-87890-58-4 04490
	979-11-87890-54-6 （세트）

• 저작권은 콘텐츠를 생산하는 저자 등의 활동을 보장하고 다채로운 출판 활동을 독려하는 데 필요한 권리입니다. 이 책의 전부 또는 일부를 복제, 배포할 때는 저작권자와 출판사의 동의를 요청해주시기 바랍니다.

• 책값은 뒤표지에 있습니다. 잘못 만든 책은 서점에서 바꿔드립니다.